Gaston de Saporta

La Végétation du globe dans les temps antérieurs à l'homme

Science

ISBN : 978-1546499459

10 9 8 7 6 5 4 3 2 1

Gaston de Saporta

La Végétation du globe dans les temps antérieurs à l'homme

Science

Table de Matières

Introduction

La paléontologie végétale est une science nouvelle, pleine de hardiesse, sur laquelle ses témérités mêmes sont faites pour attirer les regards. Elle est déjà parvenue à des résultats assez intéressants pour prendre un rang distingué dans cet ensemble de recherches qui ne se proposent rien moins que de surprendre la loi du développement de la vie à la surface du globe. Ces formes innombrables que la nature distribue avec une originalité pleine de contrastes ont-elles apparu toutes à la fois, se sont-elles au contraire introduites successivement, et alors dans quel ordre, par suite de quelles circonstances leur a-t-il été donné de se produire et de se perpétuer ? Telles sont les questions que la science de nos jours a l'ambition d'éclaircir, et l'étude des plantes fossiles lui fournit à cet égard une source abondante de renseignements. Avec des débris végétaux recueillis dans les entrailles du sol, où ils avaient été enfouis il y a un nombre incalculable de siècles, elle reconstitue l'aspect des paysages de notre Europe aux divers âges géologiques, elle détermine le climat que nos contrées devaient offrir, les animaux qu'elles nourrissaient, et les transformations accomplies dans les deux règnes longtemps avant l'apparition de l'homme.

Les plantes d'autrefois en effet n'ont pas disparu sans laisser d'elles des vestiges qui sont comme le souvenir de leur passage sur la terre ; mais ces vestiges, les gens du monde, même les plus instruits, ont d'abord quelque peine à en comprendre le sens. Lorsque le hasard ou la curiosité les met en présence d'une collection de ce genre, certaines pièces très apparentes, comme les troncs de la forêt pétrifiée du Caire, attirent seules leur attention ; partout ailleurs ils n'entrevoient que des linéaments confus. Des plaques bizarrement colorées, tantôt brunes sur un fond gris, tantôt entièrement noires, défilent sous leur regard, et sont pour eux autant d'énigmes qu'ils se lassent bientôt de chercher à deviner. Ce sont pourtant là les phrases éparses du vieux livre de la nature. Si l'on s'attache à les déchiffrer, on oublie bien vite la singularité des caractères et le mauvais état des pages. La pensée se lève, les idées se développent, la chronique se déroule ; c'est la tombe, et quelle tombe ! qui parle et laisse échapper son secret. Le naturaliste le plus modeste opère parfois ces merveilles ; il retrouve, en observant un morceau en apparence informe, un organe isolé, une feuille par exemple, dont la connaissance lui permet de reconstruire le végétal tout entier. La loi de l'analogie nous autorise à juger du passé par ce que nous avons sous les yeux, et a rendu en tout temps les parties d'un même ensemble tellement solidaires que des associations disparates n'ont jamais été possibles. Toutefois, si l'harmonie la plus constante a toujours présidé aux manifestations de la vie organique, les débris végétaux fossiles se présentent sous des états très divers, dont la différence est due à la variété des circonstances qui nous les ont conservés. Il faut bien en dire quelques mots pour expliquer le genre de matériaux dont la science dispose et sur lesquels elle a basé ses déductions.

Des substances épaisses et résistantes, comme les bois, peuvent, dans certains cas très rares, n'avoir subi qu'une altération superficielle ; mais presque toujours les végétaux anciens ont été changés sous l'action d'une combustion lente en une masse charbonneuse et compacte. Telle est l'origine de nos combustibles minéraux, la houille, l'anthracite, le lignite, la tourbe. M. Goeppert a démontré dernièrement qu'on pouvait extraire des houilles les plus anciennes d'imperceptibles fragments qui, ayant conservé des traces de la structure primitive, indiquent la nature et la proportion des essences auxquelles est due la formation des houillères. Ces sortes de résidus nous ramènent aux premiers âges du monde ; l'esprit s'effraie lorsqu'il cherche à supputer le temps écoulé depuis l'époque qui les a vus s'accumuler, et cependant on peut encore, dans certains cas, retirer du moule qui les contient les tissus végétaux desséchés, mais conservant une sorte de souplesse qui les rend pareils aux spécimens de nos herbiers. D'autres végétaux fossiles, principalement des tiges et des fruits, au lieu de se réduire en charbon, ont été l'objet d'une transformation remarquable. Chez eux, une matière nouvelle, minérale, souvent très dure et plus ou moins transparente, s'est substituée à celle dont la plante était originairement formée, en conservant jusque dans les moindres détails la trame des tissus intérieurs ; mais ce qui plus que tout le reste a contribué à faire arriver jusqu'à nous les formes de l'ancienne végétation, ce sont les empreintes laissées par elle dans les divers sédiments. Une empreinte végétale n'est autre chose qu'un moule des parties extérieures d'une plante formé par une matière plastique appliquée d'abord contre les inégalités de l'original et ensuite consolidée. L'homme n'agit pas autrement lorsqu'il moule un objet quelconque ; seulement la nature arrive à ses fins par des moyens à la fois plus lents et plus sûrs, et elle produit des résultats dont la délicatesse surpasse de beaucoup celle des œuvres humaines. Tout le monde connaît le jeu capricieux des concrétions de tuf. D'anciennes sources ont ainsi encroûté des feuilles, des tiges et des fruits. Les roches qui renferment ces sortes d'empreintes, résultat de l'action chimique d'eaux courantes, présentent une disposition un peu confuse. Les empreintes les plus fréquentes s'observent au contraire dans des lits parfaitement réguliers dont l'origine est due à des dépôts limoneux. Pour se rendre compte de la manière dont les choses se sont alors passées, on n'a qu'à jeter les yeux en automne sur une mare ou sur un réservoir. A cette époque de l'année, les feuilles détachées naturellement et celles que poussent les rafales viennent joncher la surface de l'eau ; elles flottent d'abord, mais bientôt elles deviennent plus lourdes en s'imbibant d'eau et vont successivement s'étaler au fond avec beaucoup de régularité. Au sein des couches consolidées qui les renferment, les feuilles fossiles sont disposées dans le même ordre, c'est-à-dire suivant un plan horizontal et non pas roulées en désordre, comme elles le seraient, si c'était un courant rapide qui les eût apportées. Les organes des végétaux se décomposent promptement au fond de nos mares et de nos bassins, où ils se confondent avec la vase ; mais il n'en serait pas de même, si une couche, quelque mince qu'on la suppose, d'un limon argileux venait les recouvrir et les soustraire aux causes d'altération qui les atteignent d'ordinaire. Sous l'abri protecteur d'un lit de sédiment imperméable, ces organes changeraient lentement de couleur et de consistance pour passer enfin à l'état de résidu charbonneux et laisser après eux une empreinte qui garderait la trace des moindres linéaments.

La nature n'a pas suivi d'autre marche pour produire la plupart des empreintes fossiles, et cela nous montre non-seulement que le plus grand calme a dû présider aux phénomènes auxquels on les doit, mais que ces phénomènes sont essentiellement limités. Il est clair en effet que ni le milieu des lacs, ni les rivages trop nus ou trop à l'écart des forêts, ni les rivières rapides, n'ont pu donner lieu à des empreintes végétales. Pour que des plantes fossiles aient été conservées, il a fallu qu'il existât des tourbières, des plages heureusement disposées, enfin des eaux douées de propriétés incrustantes ou chargées de substances minérales en dissolution. Ce point de vue exclut presque entièrement les effets attribués si souvent et si gratuitement aux cataclysmes physiques. Des mouvements violents auraient détruit les débris végétaux au lieu d'en opérer la conservation, et d'ailleurs la science géologique incline légitimement à croire que les révolutions les plus fortes dans la distribution relative des terres et des mers ont été le résultat de causes très lentes, agissant à de longs intervalles ou par des mouvements insensibles. L'écorce terrestre se trouve actuellement compliquée par des rides, des plissements et des fractures. Or tout concourt à démontrer que ces grandes inégalités superficielles sont le résultat d'un retrait graduel, d'un affaissement régulier si l'on s'attache à l'ensemble, irrégulier si l'on ne voit que les détails. Ce mouvement, poursuivi de période en période, tend évidemment à rendre de plus en plus sensibles les accidents de la surface de la terre, tout en réduisant le diamètre de celle-ci. Les périodes primitives doivent donc avoir vu le globe dénué à la fois de hautes montagnes et de bassins maritimes profonds ; les eaux, contenues dans des dépressions faiblement creusées, occupaient une plus large surface, et les continents, réduits à de moindres dimensions, ne présentaient que des ondulations d'autant moins accentuées que l'on remonte plus haut dans le passé. Tel est l'exposé de la théorie qui paraît être la plus autorisée, et à laquelle s'adaptent très bien les notions fournies par les plantes.

Les premiers géologues cédaient à une idée préconçue, lorsqu'ils avaient cru retrouver la trace d'un certain nombre de bouleversements généraux partageant l'histoire du globe en autant de périodes tranchées dont chacune était inaugurée par une création distincte et terminée par une destruction générale. D'une simplicité séduisante, cette théorie avait plu à beaucoup d'esprits pour qui la régularité du classement semble devoir exister dans les choses de la nature aussi bien que dans les vitrines d'un musée. Il faut y renoncer aujourd'hui. La nature, toujours active, n'a pas eu de temps de sommeil ; la vie, depuis son apparition, a toujours habité la terre. Affaiblie parfois, jamais interrompue, elle n'a cessé d'y faire circuler une sève constamment féconde. Les époques et les révolutions auxquelles les géologues ont donné des noms ne peuvent avoir de valeur que pour introduire quelques grandes lignes de démarcation dans une durée pour ainsi dire incalculable ; mais les êtres se sont toujours succédé sans que l'extinction de quelques-uns d'entre eux ait jamais empêché les autres de leur survivre et de les remplacer. Les révolutions, physiques, essentiellement accidentelles et inégales, n'ont jamais été radicalement destructives. S'il a existé des périodes moins favorables que d'autres au développement de la vie, ces intervalles relativement appauvris ont cependant possédé des êtres organisés qui plus tard, en se multipliant et se diversifiant, ont repeuplé le globe.

La théorie des créations et des destructions périodiques, poussée à ses dernières conséquences par M. Alcide d'Orbigny, n'a plus guère de partisan convaincu ; mais on s'attache assez ordinairement à l'idée que des créations partielles ont dû combler de temps à autre les vides causés par l'extinction successive des espèces. Moins absolue que la précédente, cette doctrine ne repose pas en réalité sur une base plus solide. Au lieu de prouver le fait qu'elle avance, elle le suppose. Lorsqu'elle voit paraître au sein des couches des espèces nouvelles, elle proclame que ces espèces ont été créées au moment même où elles commencent à se montrer ; mais qui peut l'affirmer avec certitude ? Si, au lieu d'être au début de leur existence, ces espèces étaient au terme d'une élaboration obscure et prolongée, comment discernerait-on chez elles les signes d'une création immédiate de ceux qui seraient la conséquence d'un développement graduel ? D'ailleurs le dépôt d'une série de couches ne constitue jamais qu'un accident, et les êtres dont ces couches contiennent les traces ne sont évidemment qu'une bien faible partie de ceux qui ont existé au moment où la couche se formait. Comment saisir, sans quelque preuve plus efficace, l'action de cette force innomée et inconnue qui aurait introduit brusquement, à un moment donné, de nouveaux êtres, dans beaucoup de cas assez peu différents de ceux auxquels ils se substituent ou de ceux auxquels ils se trouvent associés ? Il faut le remarquer en effet, une forme très tranchée, un type sans antécédent, correspondent toujours à des lacunes considérables, et plus une période est explorée, mieux une série organique est connue, plus se multiplie le nombre des types ambigus et des transitions ménagées d'une espèce à l'autre.

On peut citer de nombreux exemples sans franchir les limites du règne végétal. Une foule de plantes fossiles européennes ne sont que la reproduction à peine diversifiée d'espèces que l'on observe encore sur divers points de l'un ou l'autre continent. Des liens étroits, multiples, irrécusables, rattachent la végétation actuelle à celle des âges antérieurs ; il faut s'enfoncer très loin dans le passé pour voir les genres que nous avons sous les yeux, comme les bouleaux, les ormes, les peupliers, s'effacer et disparaître ; mais alors ce qui fait la trame et le fond du règne végétal dans le monde entier a également disparu. A la place, nous rencontrons un ensemble de plantes ayant un aspect tout particulier, et nous pénétrons dans l'âge des débuts de la nature organique. Ainsi tout concourt à démontrer que le règne végétal ne s'est ni formé subitement, ni enrichi par des adjonctions périodiques ou accidentelles, mais qu'il a été le résultat d'une évolution lente, complexe, progressive, qui aurait fait sortir les unes des autres les espèces d'un même groupe. Les recherches sont encore trop incomplètes pour qu'on puisse dire comment les types eux-mêmes se sont produits. Devant l'insuffisance des matériaux, la science doit avouer son impuissance, tout en se fiant pour l'avenir sur l'heureux hasard des découvertes.

Section I

Quelques îles de grandeur inégale, de composition granitique ou schistoïde, couronnées d'un faible relief, disséminées dans une mer immense, tel était l'état de l'Europe durant la plus ancienne des époques de la vie. Cette époque a vu croître les premiers végétaux ; mais le terme initial nous échappe, et il a fallu, pour nous faire connaître une partie des plantes de cet âge, que des circonstances spéciales nous en aient conservé des débris, je veux parler des tourbières gigantesques auxquelles sont dues les houilles, dont les dépôts forment comme une ceinture interrompue sur le flanc des anciennes régions insulaires. Le voisinage de la mer paraît avoir été une des conditions les plus constantes qui aient présidé à la formation des bassins houillers. Cependant les houilles doivent leur origine à des eaux douces ; mais les deux éléments se côtoyaient pour ainsi dire, ils empiétaient même alternativement l'un sur l'autre, et cette alternance n'est singulière qu'au premier abord : elle s'explique aisément quand on va au fond des choses. Les îles primitives, peu élevées au-dessus de la mer ambiante, descendaient jusqu'à elle par une pente insensible, et les houillères constituaient généralement des lagunes protégées par un étroit cordon littoral et recevant les eaux qui s'écoulaient de l'intérieur des terres. Pour expliquer la formation des houilles, il est absolument nécessaire de recourir aux tourbières, les plus modernes de ces officines de combustibles, qui fonctionnent encore sous nos yeux et nous éclairent sur la nature d'un phénomène qui sans elles serait demeuré très obscur. L'existence des tourbières dépend de plusieurs causes combinées ; il leur faut une température égale, peu élevée, puisqu'il n'existe plus de tourbes au sud du 40e degré de latitude, une humidité presque constante, un pays plat, où les eaux puissent accourir de toutes parts, un sous-sol imperméable qui les retienne et les oblige de se rassembler en nappe d'un faible volume, mais permanente, possédant une issue régulière, enfin pure de tout apport limoneux ou torrentiel. Dans ces conditions, certaines associations de plantes amies des marécages envahissent tout l'espace occupé par les eaux, et forment un tapis serré qui recouvre entièrement la nappe aquatique. Les conditions demeurant toujours les mêmes, les produits de la végétation se succèdent et s'accumulent selon un mode très uniforme ; les résidus de tiges, de feuilles, et de racines forment au fond un lit qu'une action lente, dont la chimie explique les effets, convertit peu à peu en une pâte homogène, d'autant plus compacte qu'elle est plus ancienne. Lorsque l'on tranche une tourbière en activité, on rencontre donc trois couches bien distinctes : la couche inférieure charbonneuse, reposant sur le sous-sol imperméable, la couche moyenne, occupée par l'eau et dans laquelle plongent les racines des plantes serrées du tapis végétal qui lui-même constitue la couche supérieure. Les mousses, les joncs, les graminées, les arbustes débiles et rampants qui croissent dans les tourbières, constituent un sol artificiel, dangereux à parcourir, mais cependant fertile à cause des substances végétales décomposées qu'il contient et de l'eau qui le pénètre. Favorisés par ces circonstances, de grands arbres, même des forêts entières, peuvent s'y élever. Les saules, les trembles, les bouleaux, les pins, hantent ces sortes de stations et y prennent un accroissement rapide ; mais ils se soutiennent mal sur un sol inconsistant : entraînés par le poids, les troncs s'inclinent, tombent et s'enfoncent sous la végétation herbacée qui tend à les recouvrir. Ils arrivent enfin dans la couche inférieure, où parviennent également les fruits coriaces, les débris d'animaux et les objets de toute nature abandonnés à la surface. C'est ainsi que l'on a retiré d'anciennes tourbières des squelettes entiers d'animaux perdus, des armes, des instruments, dans un état de conservation quelquefois merveilleux.

L'analogie des dépôts tourbeux avec ceux qui ont donné naissance à la houille se découvre ici d'elle-même ; il n'y a qu'à remplacer les humbles plantes d'aujourd'hui par celles qui croissaient alors en Europe pour reconstruire les vastes bassins charbonneux qui, à travers d'innombrables vicissitudes, ont emmagasiné au profit de nos générations les restes de tant de végétaux. En se transportant par la pensée vers une de ces îles primitives entourées par les houillères d'une réunion de colonies verdoyantes, on verrait, en s'approchant peu à peu, sortir des flots une rangée de collines d'un dessin peu hardi, voilées par une brume épaisse, sous un ciel bas et lourd, déchiré çà et là par des écharpes de nuages et baigné par des averses fréquentes. Au pied de ces sommets, humbles comme ceux de l'Italie d'Énée,

::........ Procul obscuros colles humitemque videmus
Italiam..........

se développerait une plage à peine assez élevée pour fermer aux flots marins l'accès de l'intérieur, et dont les contours indécis dessineraient de vastes lagunes où des myriades de ruisseaux limpides se déverseraient des pentes voisines et des vallées intérieures. Arrivé à ce point, on serait arrêté par un sol mouvant et imbibé ; s'étendant à perte de vue, le regard apercevrait un tapis de verdure, composé d'une multitude de plantes, non pas courtes et pressées comme celles vde nos tourbières, mais grandes, variées de formes et de proportions, entremêlant leur feuillage dans un inextricable lacis et dominées par une foule de végétaux arborescents analogues aux prêles, aux fougères, aux lycopodes, aux araucarias et aux cycadées de notre temps. Les fougères de cette époque, très distinctes des nôtres par la structure des organes, les rappelant toutefois par l'aspect et le mode de découpure des feuilles, jouaient le rôle de nos herbes, plus vigoureuses, il est vrai, car rien dans cette nature ne rappelle les graminées et les pâquerettes de nos gazons.

De nos jours, comme nous l'avons déjà remarqué, il n'existe pas de tourbières au sud du 40e degré, ni par conséquent aux environs des tropiques. On n'y observe pas non plus de dépôts de houille, ou du moins ces dépôts y sont trop rares et trop peu étendus pour donner lieu à de véritables exploitations. M. d'Archiac, s'appuyant sur une observation de M. Lesquerreux, a fait ressortir avec raison la singulière coïncidence offerte par la distribution respective des dépôts tourbeux et des dépôts de houille. Tous deux paraissent dépendre de la même loi, puisque, malgré l'intervalle de temps tout à fait énorme qui les sépare, on ne retrouve entre les tropiques ni les uns ni les autres. Il résulterait de cette observation que les zones tempérées froides possédaient très anciennement des caractères identiques à quelques-uns de ceux qui les distinguent encore à présent, et qu'en tout cas elles différaient déjà beaucoup de la zone torride actuelle. On peut donc avancer que cette égalité de température, cette abondance de vapeurs humides, qui paraissent être les conditions essentielles du phénomène des tourbières, ont présidé aussi à la formation des houilles. Les régions comprises dans la zone tempérée des deux continents où l'on observe des lits de ce combustible étaient loin d'être soumises alors à une température excessive, comme on l'a supposé quelquefois. Quant aux formes des végétaux de cet âge, elles diffèrent essentiellement de ce que nous avons sous les yeux. Les arbres avaient tous dans le port quelque chose d'insolite qu'on ne retrouve que dans la flore de certaines régions équatoriales. M. Adolphe Brongniart, un des savants qui ont le mieux fait connaître cette curieuse époque, a parfaitement montré tout ce que l'aspect général du paysage avait de morne et d'uniforme. Parmi ces tiges de calamités, de lépidodendrons, de sigillaires, érigées avec tant de raideur, divisées suivant des lois presque mathématiques, dont les feuilles pointues et coriaces se dressent de toutes parts, aucune fleur ne se montrait encore. Les organes sexuels étaient réduits aux seules parties indispensables ; privés d'éclat, ils ne se cachaient sous aucune enveloppe. La nature, devenue peu à peu opulente, a rougi plus tard de sa nudité ; elle s'est tissé des vêtements de noce : pour cela, elle a su assouplir les feuilles les plus voisines des organes fondamentaux, elle les a transformées en pétales ; elle en a varié la forme, l'aspect et le coloris. En compliquant ainsi des appareils d'abord réduits, aux parties les plus essentielles, elle a créé la fleur, comme la civilisation a créé le luxe, en le faisant sortir peu à peu des nécessités de l'existence améliorée et embellie.

La végétation des temps primitifs est donc bien réellement un point de départ. On y découvre le germe et l'origine de ce qui a paru depuis ; mais la variété, la souplesse, la grâce, y manquent absolument. On n'y remarque rien qui ressemble à nos arbres touffus et élancés dont la tige disparaît sous dès rameaux sans nombre, rien de cette féconde diversité qui donne une physionomie à chaque individu de nos forêts, de ce vague et harmonieux désordre qui charme dans la nature libre ; ce qu'on y trouve plutôt, c'est quelque chose de dur, de régulier, de sévère, où se révèle une beauté triste et surtout immobile. Il fallait qu'il s'écoulât encore des myriades de siècles et que la configuration des terres changeât à bien des reprises pour que le monde végétal perdît ce premier aspect. Rien de brusque ne se manifeste jamais dans la marche qui entraîne par d'insensibles transformations la nature organique vers d'autres destinées. Il serait impossible de suivre ces changements pas à pas ; nous essaierons cependant d'en esquisser les principaux traits.[1] Des conditions de sol et de climat combinées autrement, en particulier une humidité moins égale, moins permanente, et un écoulement plus rapide des eaux, ont été peut-être la vraie cause de l'appauvrissement de la végétation à l'époque qui suivit celle des bouilles, c'est-à-dire dans le *permien* et plus tard dans le *trias*. Le

1 Le temps des houilles fuit partie de la longue période dite *primitive* ou *paléozoïque* ; parce que la vie s'y est manifestée pour la première fois. La période de transition qui succède immédiatement à celle des houilles se nomme *permienne* ou simplement le *permien* à cause du gouvernement de Perm en Russie, où les dépôts qui s'y rattachent prennent une grande extension ; puis vient la longue série des temps *secondaires*, dans lesquels nous distinguerons seulement trois termes sous les noms de *trias*, de *Jura* et de *craie*. Enfin les temps secondaires furent suivis d'une autre période à laquelle on a donné le nom de *tertiaire* ; celle-ci nous amène jusqu'à l'origine des temps modernes.

trias, âge mal connu et caractérisé par des traits ambigus, paraît correspondre à une de ces périodes de renouvellement où les types en voie de décadence disparaissent peu à peu, tandis que ceux qui doivent les remplacer s'introduisent successivement. Les premiers laissent des vides parce qu'ils se réduisent à un nombre décroissant d'individus, les seconds, sont encore obscurs et clairsemés. La vieillesse et l'enfance sont également faibles, et, dans les temps où ces deux extrêmes se trouvent seuls en présence, la nature revêt nécessairement un caractère de dénuement et de monotonie. C'est à peine si vers la fin de la période les espèces de fougères qui composent cette végétation appauvrie prennent un peu plus de variété ; mais ce mouvement de transformation se ralentit et s'arrête presque pendant la période suivante, la période jurassique, une des plus longues que notre globe ait traversées. Rien de plus immobile que cette végétation jurassique partout où il a été donné de l'entrevoir. Au nord comme au sud de l'archipel européen, elle offre constamment les mêmes formes, combinées dans des proportions qui varient à peine d'un étage à l'autre. Les cycadées, plantes singulières dont le port rappelle celui des palmiers, et qui sont surtout remarquables par la lenteur avec laquelle elles croissent, dominaient alors en Europe. De nos jours on les rencontre, dispersées par petits groupes, dans les îles et les continents voisins des tropiques, mais surtout dans l'hémisphère austral. Ce ne sont pas pourtant des plantes exclusivement tropicales ; elles se tiennent de préférence entre le 20e et le 30e degré de latitude sud.

Cependant, après chacune des sous-périodes entre lesquelles se divise la grande période jurassique, les terres s'étendaient par un mouvement presque régulier. De nouveaux reliefs plus accentués correspondaient à ces mouvements d'émersion et donnaient aux continents une configuration plus variée et des vallées plus profondes. De là sans doute l'apparition des premiers fleuves. Aussi la période suivante, celle de la *craie*, est-elle des plus importantes au point de vue des phénomènes de la vie, puisque c'est alors que le monde des plantes, accomplissant, une évolution définitive, a dépouillé partout les formes primitives pour revêtir celles que nous lui connaissons encore. Quand nous faisons allusion en effet aux plantes des tropiques comme correspondant à celles de l'ancienne Europe, il ne faudrait pas en conclure que la végétation tropicale ait aujourd'hui la même physionomie que celle des périodes primitives. Rien ne serait moins exact. Si dans les régions intertropicales des circonstances particulières ont permis aux anciens types de se maintenir, ils ne s'y montrent à côté des types plus récents que dans un état de subordination et d'isolement. Ils nous servent néanmoins à établir un trait d'union entre le présent et le passé. En Europe, il n'en est plus de même : les formes antérieures à l'âge de la craie ont presque complètement disparu, et il y est même resté fort peu de vestiges de celles des premiers temps tertiaires. Il faut donc savoir distinguer dans l'étude du développement des formes anciennes ce qui dépend du mode d'évolution propre à l'ensemble des êtres organisés et ce qui tient à l'influence perturbatrice du climat. Tant que l'Europe est demeurée en possession d'un climat chaud, l'action éliminatrice qui résulte de l'abaissement de la température n'a pu s'y manifester. L'essor de la végétation européenne n'était originairement arrêté par aucun obstacle de cette nature. Ce serait pourtant une erreur d'une autre sorte que de s'exagérer le degré d'élévation de cette chaleur. Les cycadées, les araucarias, les fougères en arbre elles-mêmes, se contentent fort bien d'une moyenne annuelle de 18° à 20° centigrades, et rien ne prouve par conséquent que l'Europe du temps secondaire ait eu un climat beaucoup plus chaud. Plus tard au contraire, la température s'est abaissée, et les effets de ce refroidissement sont venus compliquer ceux de l'évolution organique. Certains groupes se sont trouvés favorisés, d'autres exclus, et de ce conflit est sortie enfin cette végétation appauvrie qui est restée notre apanage. Quelle était la cause de cette élévation originaire de la température sous nos latitudes, élévation supérieure de 10° centigrades au moins à ce qu'elle est aujourd'hui aux mêmes lieux, et pourquoi a-t-elle disparu depuis ? Il y a là une inconnue à dégager, une solution que la géologie cherche encore.

On a essayé successivement de plusieurs hypothèses. La plus ancienne, admise encore généralement aujourd'hui, consiste à se prévaloir de l'action prolongée de la chaleur centrale. Une pareille cause a dû agir en effet dans un passé très reculé, mais il est difficile de dire à quelle époque il faut raisonnablement arrêter ce passé. Si l'on songe d'un côté à la faible faculté de transmissibilité calorique des matières qui composent l'écorce terrestre, de l'autre à la puissance des couches déposées successivement au fond des eaux et en particulier des plus anciennes, on ne voit pas trop comment la chaleur centrale aurait pu les traverser. Un seul des étages du terrain paléozoïque, l'étage silurien,[1] atteint dans les îles britanniques l'épaisseur énorme de 8 kilomètres, et l'ancienneté de la vie sur le globe est telle que, d'après M. d'Archiac, « les manifestations organiques initiales sont peut-être aussi éloignées dans le temps de la première faune observée que cette faune dite primordiale l'est elle-même de la nôtre. » On est donc en droit de conclure qu'il serait raisonnable d'assigner à l'élévation de la température dans les temps secondaires une autre cause que celle de la chaleur transmise par le noyau en fusion. Ce qui prouve que déjà cette influence était assez peu sensible dès les temps les plus reculés où nos investigations puissent atteindre, c'est encore l'étude des végétaux. Au lieu d'accuser un refroidissement régulier de période en période, la succession des espèces végétales, d'après les observations les plus récentes, démontre que la température est demeurée à peu près stationnaire, malgré des oscillations partielles, à travers des myriades de siècles. L'élévation de la température européenne aux époques secondaires s'explique d'ailleurs par plusieurs autres raisons. Il faut considérer que les surfaces continentales se sont étendues progressivement, que les mers ont été longtemps plus vastes que de nos jours, que les aspérités de la surface n'ont atteint que récemment l'altitude nécessaire à la permanence des neiges, que, l'océan étant plus ouvert et pénétrant partout au milieu des terres, les glaces polaires se formaient plus difficilement, que l'atmosphère, avant la fixation d'une grande partie des substances gazeuses qu'elle a dû originairement contenir, était plus dense, plus chargée de vapeur et moins exposée aux effets du rayonnement nocturne. En combinant toutes ces causes qui concourent également au même résultat, on sera, nous le croyons, bien près de la réalité des faits, quoiqu'il soit impossible de donner à cet égard une démonstration rigoureuse.

S'il est difficile de mesurer les oscillations successives de la température, il est aisé de constater les progrès que la vie

---

1 C'est le plus ancien de ceux où l'on a observé jusqu'ici des vestiges d'**êtres** organisés.

organique n'a cessé d'accomplir par une marche pour ainsi dire régulière. Après le début de la période crétacée, le règne végétal touche enfin au moment de son évolution définitive. A cette époque, les eaux ont reçu les tribus si nombreuses qui les peuplent et dont les formes ont varié depuis sans amélioration sensible. La classe des reptiles domine le règne animal tout entier par la puissance, par la multiplicité, souvent l'étrangeté de ses espèces ; mais ces êtres, tantôt monstrueux, tantôt singuliers, sans instinct intelligent, sans germes de perfectibilité, n'ont avec les surfaces continentales que des rapports confus, et ne semblent point solidaires des changements qui s'y accomplissent. D'autres êtres, en possession d'une organisation plus riche, plus active, plus souple, plus susceptible de se compliquer et de se perfectionner, étaient destinés au rôle d'animaux terrestres. Ce sont les mammifères, chez qui la variété des régimes, des instincts, des habitudes, a peu à peu amené la diversification des types, et dont les commencements furent cependant très obscurs. Cette obscurité, qui contraste avec l'éclat de leur destinée future,, donne un attrait tout particulier aux recherches concernant leur origine. Les plus anciens vestiges relatifs à la classe des mammifères dans l'état présent de nos connaissances, remontent aux premiers temps de la période jurassique ou même à la fin. du trias. Ils dénotent des marsupiaux de très petite taille, peut-être aussi des rongeurs. Dans deux localités célèbres, correspondant l'une au milieu, l'autre à la fin de la période jurassique, on a encore observé des mammifères. Ceux de Stonesfield, connus depuis longtemps, malgré certaines ambiguïtés de caractères, ressemblent aussi à des marsupiaux, et leur dentition indique des insectivores. Les autres, trouvés plus récemment dans les couches du Purbeck, en Dorsetshire, se rattachent à des types analogues ; leur taille varie depuis celle de la taupe jusqu'à celle du hérisson. Quelques-unes de ces espèces, d'après M. Falconer, seraient plutôt de petits carnassiers que de simples insectivores. Enfin deux espèces seulement, découvertes en 1857 dans le Dorsetshire, ont présenté un type assez voisin des kanguroos actuels de la Nouvelle-Hollande pour que le même docteur Falconer ait pu conclure que leur régime avait dû se composer de végétaux, surtout de racines, qu'ils auraient déterrées en fouillant le sol, comme leurs congénères australiens. Ainsi il n'y avait qu'un très petit nombre de ces mammifères primitifs qui fît sa nourriture exclusive des végétaux. Par ce dernier point, nous touchons au grand obstacle qui s'opposait au développement de cette classe. La végétation ne fournissait encore que très peu de parties nutritives. Nos herbivores d'aujourd'hui auraient vainement erré à travers les thuyas, les araucarias, les cycadées, les touffes de fougères et de prêles des régions jurassiques en y cherchant des herbages ; à peine rencontrait-on alors quelques racines succulentes, et les fruits des conifères et des cycadées pouvaient seuls offrir des amandes comestibles. Presque aucun lien harmonique ne réunissait donc les deux règnes ; ils poursuivaient isolément leur rôle. Les grands carnassiers ne pouvaient apparaître avant les races herbivores destinées à leur servir de proie, et celles-ci demandaient pour se montrer une flore plus variée et plus abondante. Le développement des mammifères se trouvait ainsi entièrement subordonné à celui de la végétation terrestre. Or, à l'époque, où nous sommes parvenus, les éléments végétaux étaient encore bien incomplets. Ils devaient achever de s'étendre et de se développer pour que les mammifères eussent la possibilité de le faire à leur tour. L'évolution de ceux-ci a été par cela même plus tardive.

Aucun ordre de phénomènes en géologie n'est entièrement isolé ; tout se lie et s'enchaîne. Solidaires l'un de l'autre, les deux règnes organiques dépendent également des conditions de milieu dont ils reflètent les changements, et parmi ces changements il n'en est pas de mieux définis que ceux qui résultent de l'agrandissement des parties émergées de la surface terrestre. De petites cartes, intercalées dans le texte du livre de M. Heer sur les *Temps primitifs de la Suisse*, permettent de suivre le développement successif du continent européen ; on y voit des îles, d'abord éparses, s'agrandir progressivement jusqu'au moment où elles se réunissent pour constituer une seule terre qui s'étend sans interruption du fond de la Bretagne jusqu'au-delà de Breslau, en Silésie. Cette jonction était opérée lors de la période crétacée. L'Europe centrale formait alors un petit continent dont les limites occidentales se trouvent cachées par l'Océan, mais qui, plans la direction opposée, dessinait les contours d'une vaste péninsule découpée de profondes sinuosités, un peu arquée de manière à tourner vers le nord la partie convexe.

De Poitiers jusqu'au Harz, les rivages en étaient dirigés vers le nord-est ; ils inclinaient ensuite vers le sud jusqu'auprès de Vienne, et à partir de Vienne ils marquaient les bords d'une mer qui remplissait la vallée entière du Danube, et pénétrait par Constance, à travers la Suisse, jusqu'à Genève, pour rejoindre par un détroit la vallée actuelle du Rhône. Au sud de la vallée du Danube, la région des Alpes, depuis le Tyrol jusqu'en Savoie et de Brégenz à Milan, formait une grande lie allongée de l'ouest à l'est, et circonscrivant ainsi une mer intérieure étroite et longue qui persista longtemps au centre même de l'ancienne Europe. C'est vers le nord de la plus grande des deux terres, sur divers points de l'Allemagne, qu'ont été recueillies des plantes où l'on remarque les premiers indices d'une révolution destinée à compléter le règne végétal, en le dotant de ses éléments les plus parfaits.

Jusqu'ici nous n'avons rencontré encore aucune trace d'arbres à feuilles comme le chêne, le tilleul, l'aubépine, ni des herbes qui s'y rattachent. Nous devons à un accident géologique les premiers indices de la présence de ces végétaux. Vers le milieu des temps crétacés, la mer envahit la région occupée maintenant par le cours supérieur de l'Elbe, c'est-à-dire la Bohême et la Basse-Silésie, et la transforma en un golfe étroit et profond. C'est à la base des sédiments auxquels donna lieu la nouvelle mer qu'on a trouvé non-seulement, comme dans les terrains antérieurs, des empreintes de fougères, de conifères et de cycadées, mais encore des vestiges de feuilles pareilles à celles de nos arbres ordinaires, et attestant la révolution végétale en voie de s'accomplir. La plupart de ces débris sont en assez mauvais état ; ceux qui nous intéresseraient le plus à cause de la classe alors toute récente dont ils ont fait partie sont malheureusement très mutilés. Il est vrai, comme le remarque M. Lyell, que, si les plantes terrestres de l'époque crétacée sont peu connues, cette rareté s'explique d'elle-même par l'origine purement marine de la plupart des roches de cette formation. Les temps approchaient cependant où le développement de l'espace continental allait se traduire par la diversification des conditions extérieures et des êtres adaptés à ces conditions. Les eaux courantes, traversant pour atteindre la mer un espace plus étendu et un sol plus accidenté, devaient finir par s'accumuler au fond des parties déprimées soit dans l'intérieur des terres, soit au bord des plages récemment émergées. Ces phénomènes se produisirent en effet, et la végétation qui recouvrit l'Europe vers la fin de la *craie* reflète par la mobilité de ses traits et les contrastes qu'elle présente, suivant les lieux où on l'observe, la souplesse avec laquelle elle dut varier ses formes. Ce dernier âge d'une si longue période porte tous les caractères, d'un temps de transition. On y remarque une foule d'ambiguïtés et d'anomalies apparentes ; les vestiges du passé y coudoient les germes à peine éclos de l'avenir ; les liens, faibles parfois entre deux localités attenantes et presque contemporaines, sont étroits au contraire entre des points très éloignés l'un de l'autre. Il est vrai que les recherches sont récentes, les lacunes immenses.

Dans la Provence actuelle, que la mer venait de quitter et que recouvraient en partie de3 lagunes marécageuses, croissait alors une plante aquatique dont il a été possible de reconstruire les diverses parties. Vigoureuse, haute de plusieurs pieds, elle se multipliait rapidement grâce à une organisation merveilleusement disposée pour le rôle qu'elle remplissait. Pourvue de grandes feuilles allongées et fermes comme celles des roseaux du midi, elle avait la faculté singulière de développer des racines aériennes qui descendaient dans l'eau de tous côtés, et, comme autant de légers cordages, la soutenaient, tout en pompant les sucs nourriciers. Ces sortes de plantes, que la France méridionale a longtemps conservées, n'avaient qu'une analogie lointaine avec certaines familles aujourd'hui entièrement exotiques, comme les restiacées et les pandanées, amies comme elles des lieux inondés. Elles propagèrent alors leurs innombrables colonies à la surface des vastes lagunes qui existaient sur le territoire de la ville d'Aix et les convertirent en tourbières. C'est aux débris accumulés de ces plantes que sont dus des amas charbonneux devenus l'objet d'une active exploitation à Fuveau et à Gardanne. Ainsi la partie méridionale du continent crétacé possédait déjà de grands lacs ; le spectacle changeait vers le nord, où l'on observe sur plusieurs points, principalement en Allemagne, des traces de végétaux de la même époque. On les retrouve surtout dans les sables fins qui s'amoncelaient au bord de la mer, au fond de certaines baies où les eaux n'étaient pas trop exposées au mouvement des vagues. Tous ces restes marquent l'existence d'une végétation variée et originale, où les formes les plus diverses se trouvent associées dans un désordre apparent. Des palmiers encore rares et de petite taille, des fougères, des araucarias, des séquoias, des pandanées, se mêlent à des arbres dont nous ne connaissons que les feuilles, mais dont les affinités semblent révéler des formes analogues à nos peupliers, à nos saules, à nos charmes. On a même signalé dernièrement dans le fond de la Moravie de vrais magnolias associés à des noyers. Pour bien saisir les contrastes que présentait alors le règne végétal, il faut se transporter auprès d'Aix-la-Chapelle, où M. le Dr Debey a su réunir les fragments épars d'un grand nombre de plantes très rapprochées des protéacées du Cap et de l'Australie. Il se trouve donc que l'Europe a possédé autrefois des plantes dont l'image ne s'observe plus qu'à nos antipodes. La Nouvelle-Hollande aurait conservé sans altération des formes végétales que nous avons perdues depuis longtemps. Le continent austral se serait donc arrêté à l'une des phases de l'évolution organique que nous avons traversée. La corrélation des deux règnes montre dans tous les cas combien ils sont solidaires l'un de l'autre, puisque l'Australie, avec une flore archaïque, ne comprend, en fait de mammifères, que des marsupiaux, qui correspondent de leur côté à nos types les plus anciens. Il existe pourtant dans ce parallèle des deux régions une différence essentielle. La présence dans l'Europe *crétacée* d'une végétation de physionomie australienne n'est pas exclusive. Dans le temps même où croissaient les protéacées d'Aix-la-Chapelle, d'autres végétaux qui semblent les prédécesseurs des nôtres se montraient déjà. Nous avons cité les magnolias et les noyers trouvés en Moravie : des faits analogues se sont présentés en Westphalie et ailleurs, et on en a observé de plus frappants encore dans l'Amérique du Nord, au fond du Nebraska. Peu de temps après l'apparition des végétaux dont l'organisation est la plus élevée, l'Europe possédait deux séries de types juxtaposés destinées plus tard à se partager, pour ainsi dire, les deux hémisphères. Chacune d'elles était sans doute adaptée à des conditions locales assez diverses pour avoir rarement l'occasion de se mêler, toutes deux avaient alors leur raison d'être ; plus tard, mais après bien des vicissitudes, l'une d'elles subit un déclin prolongé avant d'être définitif, tandis que l'autre obtenait peu à peu une prépondérance exclusive. Sous ce rapport, l'époque de la craie peut être regardée comme le point de départ de la végétation particulière à notre zone, de même que le temps des houilles marque celui du règne végétal tout entier. Dès ce moment en effet commence une évolution d'un autre genre, par laquelle les tribus nouvelles vont se multiplier et se diversifier dans une proportion toujours croissante. Sans doute les différences de sol, de climat, de station, qui s'accentuent chaque jour davantage, contribuent à ce résultat ; mais la flexibilité des organismes y contribue aussi dans une large mesure. Le climat de l'ancienne Europe a dû varier à bien des reprises, et par là s'explique la prépondérance alternative de l'association australienne, au feuillage grêle et coriace, et de l'association contraire, remarquable par l'ampleur des organes appendiculaires. Les choses se passent encore de même. Beaucoup de flores régionales revêtent des traits d'ensemble qui aident à les reconnaître au premier coup d'œil. Les phénomènes que nous observons dans l'espace se sont autrefois manifestés dans le temps, et la nature n'a pas changé de procédés. Elle a toujours su plier les organismes sous l'influence des milieux, influence d'autant plus énergique qu'elle est permanente, et que dans le règne végétal elle s'applique à des êtres fixés au sol qui la subissent sans pouvoir s'y soustraire.

Section II

Nous arrivons enfin à la période tertiaire. Peut-être plus courte et certainement mieux connue que les précédentes, elle est moins remarquable par l'introduction de nouveaux types que par l'immense et dernière évolution en vertu de laquelle ceux qui existaient déjà se sont développés, équilibrés, distribués par régions et par zones, et ont revêtu les caractères définitifs qui les distinguent de nos jours. Le règne végétal ne cesse de se développer en Europe jusqu'au-delà de la première moitié des temps tertiaires, c'est-à-dire tant que la température, malgré des variations partielles, n'a pas encore décliné. A ce moment commence un long travail d'élimination que l'abaissement du climat accélère de plus en plus. C'est seulement auprès de Paris que la végétation du premier des âges tertiaires a laissé des traces ; des travaux qui avaient pour but d'extraire des matériaux propres à ferrer les routes nous permettront de faire revivre en quelques lignes une des scènes les plus fraîches de la nature d'autrefois. La quantité de feuilles à l'état

Gaston de Saporta

d'empreintes retirées de la carrière des Crottes, près de Sézanne, est vraiment surprenante, les échantillons sont souvent complets et offrent des caractères que l'étude permet de saisir. Cependant tous les résultats auxquels on est parvenu dernièrement à cet égard ne sont pas également sûrs ; aussi ne nous appuierons-nous que sur les mieux établis dans le tableau que nous allons tracer. Le pays qui s'étend vers Reims et Rilly-la-Montagne était alors occupé par un lac qu'alimentaient des eaux vives et jaillissantes. Une de ces sources coulait auprès de la petite ville de Sézanne, et y formait une cascade dont les parois subsistent encore et conservent l'incrustation de nombreuses empreintes végétales. Ces rocailles ressemblent à celles qui ont rendu célèbres les cascatelles de Tivoli ; il semble seulement qu'un accident imprévu en ait détourné pour quelques instants les eaux des temps tertiaires. L'œil exercé du géologue reconstruit les moindres accidents de l'ancienne localité. Il aperçoit jusqu'aux mousses qui tapissaient de larges plaques la surface humide du rocher ; pour lui, de merveilleuses fougères se penchent sur le gouffre écumant et balancent leurs feuilles finement découpées ; au-dessus s'étagent des arbres puissants : ce sont des figuiers, des lauriers au port élancé, des magnolias aux feuilles lustrées, des sterculiers, des tilleuls. Ces arbres à l'aspect exotique ne sont pas les seuls ; des noyers et des chênes leur sont associés ; on entrevoit au milieu d'eux des peupliers et des saules, des aunes et des ormeaux ; des vignes sauvages et un lierre vigoureux s'attachent aux troncs ; toutes ces essences se mêlent, se croisent, se complètent l'une par l'autre, tout chez elles annonce la vigueur opulente que les voyageurs admirent au fond des vallées ombreuses du Népaul. Ce tableau, dont les couleurs n'ont rien de fantastique, nous reporte au sein d'une forêt vierge du commencement de l'âge tertiaire.

A mesure qu'on avance dans cette période, le spectacle semble changer. Les documents sont moins restreints, ils proviennent de points très éloignés, et partout un grand caractère d'uniformité se fait reconnaître. L'aspect général annonce que le climat s'est modifié ; il est devenu plus sec et plus chaud. Les feuillages ont moins d'ampleur, les formes étroites et coriaces dominent ; on se dirait transporté aux environs du Cap, en Australie ou dans les savanes du Texas, quelquefois aussi dans certaines parties de l'Inde, ou plutôt la végétation se compose de traits mixtes empruntés à ces divers pays. Les palmiers et les essences des pays les plus chauds se multiplient partout. Cette végétation, assez chétive de stature et monotone d'aspect, si l'on considère l'ensemble, est riche et féconde, si l'on s'attache à la variété des genres et au nombre des espèces. Il se produit ici le même effet que dans la Nouvelle-Hollande, où la flore se renouvelle presque entièrement dès qu'on passe d'un canton dans un autre. Il existait aussi beaucoup d'originalité dans les formes, et, pour trouver des analogies avec les végétaux de ce temps, il faut souvent s'adresser aux contrées les plus lointaines du monde actuel. Les formes européennes elles-mêmes ne sont pas absentes, quoiqu'elles paraissent réduites à un minimum d'importance relative. On observe çà et là des aunes, des bouleaux, des chênes, des ormeaux, des érables ; mais ces végétaux sont toujours très rares.

Les nappes lacustres abondaient. Ce n'étaient pas sans doute des lacs profondément encaissés, comme ceux de la Suisse. Ces lacs ressemblaient plutôt à ceux de la Suède et de la Finlande, de la Chine et de l'Amérique, sortes d'estuaires aux bords vagues, communiquant entre eux, situés sur un sol médiocrement accidenté et à portée de la mer, dont ils trahissent le voisinage par bien des indices. Ils étaient profonds cependant, soit par eux-mêmes, soit parce que le bassin qui les comprenait s'abaissait insensiblement. Enfin la durée en fut très longue, car ils présentent ordinairement une succession compliquée d'éléments de toute sorte étagés par assises régulières. Nulle part ces lacs ne sont aussi nombreux et aussi bien caractérisés qu'en Provence. On y suit les sinuosités des bords, on reconnaît les accidents des rivages, les points où les courants venaient se précipiter, et ceux où le long d'une plage tranquille s'accumulaient les dépouilles des végétaux. La nature, le nombre, la disposition des empreintes, indiquent dans quelle proportion ces végétaux se trouvaient combinés, et fournissent par induction mille détails curieux sur la vie à cette époque. Les mammifères qui fréquentaient ces parages étaient ceux dont la découverte dans le gypse de Montmartre a immortalisé Cuvier. On les a depuis rencontrés sur divers points de l'Europe, formant partout la même association. Leurs mœurs étaient tranquilles ; leur régime se composait de substances végétales, surtout de racines, de feuillages et de fruits ; quelques-uns devaient vivre d'insectes ou ronger les bois et les écorces. On ne comptait qu'un petit nombre de carnassiers, et encore se nourrissaient-ils en partie de végétaux.

La même ambiguïté de caractères se présente chez tous ces animaux quand on les examine de près, soit pour les classer, soit pour définir leurs habitudes. MM. Heer et A. Gaudry, dans des publications récentes, et avant eux M. Gervais, quoique celui-ci adopte d'autres conclusions, ont fait également ressortir la signification et la portée de ces caractères mixtes. La séparation et la bifurcation des types ne s'opèrent donc que peu à peu et par une marche progressive. Les divers rameaux s'écartent d'autant plus qu'on s'éloigne davantage du point de départ originaire, et, en se rapprochant de ce point, on voit les caractères converger de plus en plus. Cette ramification des types, pareille à celle d'un arbre généalogique, n'est pas le seul point à noter ; il en existe un autre. Plus les groupes s'écartent, plus l'organisation se trouve, adaptée à un genre de vie exclusif. C'est là une tendance inévitable de la perfectibilité organique, ce que M. Milne Edwards appelle la division du travail physiologique, et qu'on pourrait définir l'adaptation croissante des organes à des fonctions de mieux en mieux déterminées. Quand on remonte les diverses séries, avant le moment où elles sont fixées, on reconnaît dans chaque groupe la trace des degrés successifs par lesquels il a dû passer : de là des ambiguïtés de fonctions correspondant aux ambiguïtés de caractères. C'est ainsi que, dans la plupart des genres de la faune dont nous parlons, le régime alimentaire, dévoilé par l'étude de la dentition, ne se compose pas exclusivement de proie vivante pour les carnassiers, ni seulement d'herbages ou de fruits pour les herbivores. Tous accusent plus ou moins un régime omnivore, c'est-à-dire mélangé dans une certaine proportion de racines, de feuilles et de fruits. La classe des mammifères était donc encore éloignée de son développement final. Peut-être le règne végétal ne lui avait-il pas encore fourni des éléments assez abondants et assez variés pour permettre à chaque série de choisir sa vie et de s'y renfermer. Peut-être le temps qu'exige une pareille adaptation avait-il manqué, ou les circonstances avaient-elles cessé plusieurs fois de lui être favorables. En tout cas, la loi de solidarité des deux règnes se laisse ici entrevoir dans toute sa force, puisque l'évolution végétale, qui doit nécessairement précéder le développement de la faune, se trouve achevée dans ses traits les plus essentiels bien avant celui-ci.

Si l'Europe était loin de ressembler à ce qu'elle est aujourd'hui, et même à ce qu'elle a été depuis, elle était plus riche sous bien des rapports. A peine peut-on admettre qu'elle ait vu naître depuis de nouveaux types de végétaux ; mais elle a complété le développement de ceux qu'elle comprenait déjà. Elle a propagé certaines catégories, comme les associations herbacées ; elle a multiplié des conditions d'existence dont les grands animaux ont pu profiter pour se perfectionner, augmenter en nombre, en taille, et arriver enfin au terme de leur développement. Avant d'atteindre ce dernier résultat, l'Europe avait encore bien des changements à subir ; mais tous se sont opérés par degrés insensibles. Les palmiers, les dragonniers, les grandes fougères, d'autres essences tropicales qui se maintiennent longtemps encore après le temps dont nous venons de parler, font voir que la chaleur n'a pas encore diminué. Cependant de nouvelles espèces des mêmes groupes viennent peu à peu remplacer les formes antérieures dont on perd la trace ; les végétaux de physionomie australienne deviennent au contraire moins communs. Les essences qui recherchent le bord des eaux ou se plaisent sous un climat humide et chaud à la fois se multiplient de plus en plus, et les feuilles s'agrandissent par rapport à celles des formes correspondantes de l'âge précédent. Les végétaux que nous avons encore sous les yeux, entre autres les bouleaux, les charmes, les érables, favorisés par les circonstances nouvelles, deviennent partout moins rares. L'étude du sol démontre que les lacs vont en agrandissant, les dépôts plus puissants indiquent des eaux plus abondantes, tous les signes d'un climat plus humide se manifestent ; enfin on commence à constater un phénomène très curieux : plusieurs des espèces de ce temps sont déjà tellement voisines d'espèces actuelles d'Europe ou d'Amérique qu'on ne saurait marquer entre elles de différences sensibles.

Cet état de choses, si favorable à un développement harmonieux des deux règnes, va s'accentuant presque jusqu'à la fin de la période tertiaire. Presque toutes les vallées qui tracent le cours de nos principales rivières étaient alors des lacs. L'Europe jouissait d'un climat essentiellement humide et tempéré. C'est l'avant-dernière période de l'âge tertiaire, désignée en géologie sous le nom de période *miocène*, dont M. Heer, dans ses *Recherches sur le climat et la végétation du pays tertiaire*, a entrepris de tracer la statistique tout entière. La localité la plus riche en renseignements est celle d'OEningen, près de Schaffouse, où, sans compter les poissons et les insectes, on a recueilli 500 espèces de plantes. Le nombre total de celles que l'on connaît dans le terrain miocène de Suisse s'élève à plus de 900. Après avoir retranché de ce nombre les organismes inférieurs, comme les algues et les champignons, on a encore environ 700 espèces, parmi lesquelles M. Heer remarque qu'il se trouve 533 arbres ou arbustes et seulement 164 plantes herbacées. Dans la Suisse de nos jours, la proportion est renversée, puisque le nombre des plantes ligneuses n'est plus que le 1/8 de celui des herbes. Il faut donc supposer ou que le nombre total des espèces tertiaires atteignait un chiffre énorme et que. la plus grande partie nous reste-inconnue, ou que, contrairement à ce qui existe aujourd'hui, les plantes ligneuses, étaient alors plus nombreuses que les herbacées. Cette seconde hypothèse est la plus vraisemblable, car c'est ce qui arrive à mesure que l'on s'avance vers l'équateur. Il est naturel d'admettre qu'il en était de même au sein d'une nature encore si rapprochée de celle des pays tropicaux. Cependant M. Heer cite des preuves ingénieuses de la présence de groupes herbacés dont on était loin avant lui de soupçonner l'existence dans ce terrain. Il a pu la déduire des habitudes bien connues de certains insectes dont il retrouve les traces dans les couches d'OEningen.

La végétation des temps miocènes présentait donc un caractère évident de richesse et de fécondité, quoique le climat se fût déjà un peu refroidi. M. Heer a été jusqu'à préciser les éléments de ce climat, et voici comment il procède. Observant les plantes principales, il en choisit quelques-unes dont l'affinité avec celles qui leur correspondent aujourd'hui est tellement étroite qu'elle a dû entraîner des aptitudes identiques et par conséquent des exigences de température à peu près pareilles. C'est ainsi que M. Heer arrive à admettre pour l'époque d'OEningen une température moyenne annuelle d'au moins 18° 1/2 centigrades, c'est-à-dire à peu près celle des îles Madère et Canaries. La partie la plus importante des travaux de M. Heer a eu pour objet d'établir la mesure exacte de l'influence qu'exerçait la latitude dans l'Europe tertiaire. En France, des questions de ce genre ont rarement le privilège de passionner le public ; mais il en est autrement chez quelques-uns des peuples voisins, où les esprits savent mieux en saisir la portée et prêter aux recherches un concours actif ou sympathique. Grâce aux encouragements que son projet a rencontrés en Angleterre et en Scandinavie, M. Heer a pu se procurer des plantes fossiles de presque tous les pays de la zone glaciale arctique. Les résultats de trois expéditions scientifiques envoyées par la Suède au Spitzberg en 1858, 1861 et 1863 lui ont été communiqués, ainsi que les collections recueillies en Islande par le professeur Steenstrup et le Dr Winckler, et déposées aux musées de Copenhague et de Munich. Il a visité à Londres et à Dublin d'autres collections qui sont le fruit des tentatives répétées faites pour rechercher les traces de John Franklin. Un voyage a même été organisé en Angleterre à son intention afin d'explorer la forêt pétrifiée d'Altanekerdluk, sur la côte occidentale du Groenland, vers le 70e degré, et de son côté le gouverneur de la colonie danoise a fait parvenir à Zurich de riches envois d'échantillons de plantes fossiles. M. Heer vient de publier les conclusions de toutes ces recherches. Il a montré que ces régions aujourd'hui inertes, cette terre à jamais glacée, avaient autrefois été ombragées de puissantes forêts qui de là s'avançaient peut-être jusqu'au pôle. Les pins, les séquoias, les cyprès-chauves, les magnolias, les chênes et les hêtres qui couvraient alors le Groenland, les tulipiers, les érables, les bouleaux, les ormes et les vignes qui peuplaient l'Islande, les platanes, les peupliers et les tilleuls du Spitzberg, n'étaient pas de chétifs arbustes, pareils à ceux qui rampent misérablement sur quelques points des terres boréales ; c'étaient des essences vigoureuses dont les troncs se montrent parfois et dont les feuilles présentent des dimensions surprenantes. Quoique distinctes à quelques égards des espèces que l'on observe dans notre hémisphère, surtout en Amérique, en redescendant de 20 degrés plus au sud, les anciennes formes polaires leur ressemblent cependant beaucoup. Certaines d'entre elles, comme les tulipiers, les platanes, les séquoias et les cyprès-chauves, sont même tellement voisines des plantes analogues qui croissent encore dans la Louisiane et la Californie, que celles-ci semblent en être les descendants à peine modifiés. M. Heer, se

Gaston de Saporta

basant, comme il l'avait fait pour la Suisse, sur cette étroite affinité, a pu définir presque à coup sûr les conditions climatériques qui résultent des aptitudes présumées des anciennes espèces. C'est ainsi que la température des régions polaires d'alors a été évaluée à un minimum de, 9 degrés centigrades en moyenne. Elle se trouve vis-à-vis de la moyenne d'aujourd'hui, qui est inférieure à zéro, dans le même rapport que l'ancienne température d'OEningen (18° 1/2 cent.) vis-à-vis de celle de Zurich, qui est de 8° 9 centigrades. Il résulte de cette belle série de déductions que, vers le milieu des temps tertiaires, la température allait diminuant de l'équateur au pôle suivant la même loi proportionnelle que de nos jours, mais qu'elle était partout supérieure de 8 à 9 degrés à ce qu'elle est maintenant aux mêmes lieux. Ce dernier chiffre marque la quantité exacte de chaleur que notre hémisphère a perdue.

Sous l'empire de conditions aussi éminemment favorables, le peuple des mammifères n'avait pu que croître et atteindre enfin un développement correspondant à celui de l'autre règne. C'est ce que prouve la longue et curieuse liste des animaux de cette époque. Les mammifères, que nous avons laissés dans un état d'évolution imparfaite, nous les retrouvons plus grands, plus forts, plus divers. Beaucoup de leurs genres existent encore ou tendent à se rapprocher des nôtres, comme les mastodontes, si voisins déjà des éléphants. D'autres comblent par leur présence des lacunes de notre faune contemporaine, ou se révèlent à nous comme les ancêtres directs des genres qui leur ont succédé. C'est toujours la même marche, et, dans beaucoup de ces types, les signes d'une adaptation de plus en plus exclusive concordent avec la modification progressive des organes. Cette ambiguïté, que nous faisions ressortir à propos des animaux antérieurs, existe encore chez ceux dont il est question maintenant ; mais elle n'est plus dans l'ensemble des caractères constitutifs de l'ordre et de la famille : elle se retrouve seulement dans les tribus et les genres, dont les limites sont souvent flottantes et malaisées à fixer aussi bien que celles des espèces elles-mêmes. Nulle part cette tendance ne se manifeste avec plus d'éclat que dans la faune célèbre de Pikermi, que M. Gaudry a ressuscitée après en avoir patiemment arraché les débris aux flancs du Pentélique. C'est de ceux de l'Afrique que les animaux de Pikermi se rapprochent le plus ; mais, malgré les lacunes inévitables qu'on est forcé de supposer, la faune de Pikermi est incomparablement supérieure à celle de l'Afrique : elle renferme plus d'espèces, et la taille des principales étonne l'esprit le moins prévenu.

Il faut donc proclamer de nouveau l'harmonie qui préside aux relations des deux règnes. L'abondance, la variété, la perfection des plantes, répondent à la diversité des animaux et à la multiplicité croissante de leur manière de vivre. Ces rapports entre deux règnes dont l'un sert à nourrir l'autre sont trop étroits pour jamais s'affaiblir ; ils n'excluent pas cependant une certaine indépendance dans le mode de développement qui est propre à chacun d'eux, et cette indépendance se révèle de plus en plus à partir de la période qui aboutit enfin à l'origine des temps modernes.

Jusqu'ici, en dépit de quelques variations climatériques partielles, le règne végétal s'est développé sans obstacle. Le moment est venu où l'Europe va être placée dans la nécessité d'adapter les éléments végétaux qu'elle possède à l'abaissement de plus en plus prononcé de la température. Bien des genres seront ainsi éliminés, et l'ensemble de notre végétation est parsemé de ces sortes d'épaves des âges antérieurs ; mais, si l'Europe a perdu une foule de genres, ces pertes ne l'ont rendue dès l'abord ni moins belle, ni moins propre à nourrir un grand nombre d'animaux. La multiplication de certaines essences, favorisées par les circonstances mêmes qui excluaient les autres, a largement compensé l'extinction de celles-ci. Il faut se souvenir qu'aucun pays n'est plus riche en espèces végétales et plus pauvre en mammifères que l'Australie, tandis que les forêts et les savanes de l'Amérique du Nord ont nourri longtemps d'immenses troupes d'herbivores sous un climat relativement assez rude. Il en fut ainsi de l'ancienne Europe lorsque la température s'abaissa. Les forêts n'en demeurèrent pas moins luxuriantes, les animaux continuèrent à vivre en grand nombre au sein de cette nature qui prenait peu à peu les livrées plus sévères des contrées du nord ; mais on voit aussi que, comme les végétaux, les animaux s'adaptent graduellement au climat de plus en plus froid des régions qu'ils parcourent. C'est alors qu'après les mastodontes les éléphants commencent à se multiplier. Des multitudes de chevaux, de bœufs et de cerfs errent à travers les solitudes européennes ; les grands carnassiers habitent à côté de leur proie et se propagent dans la même proportion ; les rhinocéros, les hippopotames, depuis étrangers à nos contrées, continuent à s'y montrer. Cet état de choses se prolonge jusqu'à l'arrivée de l'homme. Cependant les deux règnes semblent ne plus comprendre aujourd'hui sur notre continent que des restes échappés à quelque désastre longtemps prolongé. Quelque jour la science percera ce dernier mystère et expliquera les raisons de cette décadence dernière, due probablement à plusieurs phénomènes combinés. La submersion partielle des plaines du nord, l'extension des glaces, le climat devenu plus rude, le dessèchement des anciens lacs, le creusement des vallées et par-dessus tout l'action destructive de l'homme, telles sont les seules causes naturelles que l'on puisse invoquer, sans exclure celles que de nouvelles observations amèneraient à connaître.

Nous venons de voir les êtres passer successivement par tous les degrés qui séparent les premiers rudiments de la vie organique de ces combinaisons de plus en plus compliquées qui en constituent les manifestations dans les groupes supérieurs. Les êtres nouveaux, chaque fois qu'ils se détachent les uns des autres, demeurent cependant réunis par l'ordonnance commune du plan sur lequel ils ont été tracés. Une foule d'indices révèlent chez eux cette liaison mutuelle dont les vestiges sont très lents à s'effacer. Dans cet ensemble éminemment solidaire, rien n'autorise, ce semble, à admettre que les groupes d'individus les plus ressemblants, à qui l'on applique conventionnellement le nom d'espèces, aient été produits isolément les uns des autres. Toutefois jusqu'ici deux systèmes se partagent le monde savant relativement à cette origine. Les uns considèrent chaque unité spécifique comme une entité réelle, ayant son point de départ dans une création particulière et n'ayant subi depuis presque aucune altération. Les partisans de ce système s'appuient pour le soutenir sur plusieurs sortes de preuves, principalement sur l'immutabilité des espèces depuis les temps historiques les plus reculés, sur le peu de stabilité des variétés obtenues par la culture, sur la tendance de ces variétés à retourner au type dont elles émanent, sur la difficulté des hybridations et la stérilité assez générale des métis, enfin sur la faculté exclusivement commune aux individus de chaque espèce de se reproduire au moyen de descendants indéfiniment féconds entre eux, et cela malgré des diversités apparentes, quelquefois plus saillantes que les différences assez faibles qui séparent certaines espèces voisines.

Ceux qui s'attachent à ce premier système ont cependant à combattre une énorme difficulté, dont ils ne tiennent ordinairement qu'un compte très faible : c'est de faire concorder la théorie qu'ils préfèrent avec les faits paléontologiques. On ne saurait pourtant raisonner comme si le monde organique avait commencé tout entier en même temps que l'homme. Il faut nécessairement admettre une très longue durée depuis l'apparition des premiers organismes jusqu'à nos jours, et cette durée est en réalité presque incalculable. Dès lors, elle infirme singulièrement l'autorité de quelques expériences tentées depuis un petit nombre d'années, et même l'argument tiré du peu de changement qui se serait opéré dans les espèces depuis le début des temps historiques. Il faut bien le dire, l'ensemble des faits géologiques et paléontologiques est désormais inséparable de toute discussion relative à la nature et à l'origine des espèces. Y a-t-il donc lieu d'être surpris si, frappés de l'insuffisance des théories qui fixent à chacune d'elles des limites infranchissables, certains esprits ont cherché la solution du problème dans une théorie opposée. D'après ce second système, auquel le livre de M. Darwin a donné un très grand retentissement, au lieu de négliger les données géologiques, on s'appuie sur elles, et on en tire une foule d'arguments en faveur de la production des espèces par voie de modification et de dédoublement. M. Darwin, poussant l'application d'un principe juste par lui-même à ses dernières conséquences, a voulu tout expliquer par l'élection naturelle (*a natural sélection*) et la concurrence vitale, deux forces dont l'une produirait toutes les variations et les développerait en les fixant par l'hérédité, et l'autre donnerait à ces variations une fois fixées une impulsion capable de faire triompher les formes les plus parfaites de celles qui leur sont inférieures. Dans un problème aussi immense, c'est, à ce qu'il nous semble, s'attacher à une solution trop simple et probablement incomplète. On dirait qu'on a soulevé un coin du voile, et qu'on se persuade avoir tout vu. La durée énorme des temps écoulés et la multiplicité des êtres successivement apparus entraînent la complexité des circonstances et des phénomènes intervenus. Comment dès lors, au début d'une carrière encore obscure, lorsque l'analyse n'a pu qu'effleurer superficiellement tant de questions diverses, lorsque les *effets* les plus intenses de tant d'agents physiques, chimiques et météorologiques demeurent inconnus ou mystérieux, comment concevoir une synthèse du monde organique qui nous dévoile le secret de son origine et de ses combinaisons ? Il faut bien s'y résigner, remettons à l'avenir le soin de gravir peu à peu, par mille sentiers perdus, cette vaste montagne qui porte à son sommet le mystère de notre genèse. A mesure que nous en franchirons les pentes, nous verrons s'étendre des horizons partiels, jusqu'au moment où l'humanité, debout enfin sur la plus haute cime, verra se rejoindre de toutes parts ces points de vue isolés pour composer devant elle une immense et dernière perspective. Pour le moment, la seule voie, dans la recherche de ce qu'est l'espèce, doit consister à s'enquérir surtout de ce qu'elle a été à côté de ce qu'elle est, c'est-à-dire à la définir également dans sa nature actuelle et dans sa marche à travers les siècles, sans songer à formuler encore les conséquences dernières de ces études, déjà si pleines d'attrait par elles-mêmes.

ISBN : 978-1546499459

www.ingramcontent.com/pod-product-compliance
Lightning Source LLC
Chambersburg PA
CBHW061452180526
45170CB00004B/1670